给孩子的自然百科

当孩子遇见鸟类

[法]克莱尔·勒克维勒 / 著

[法]罗莉亚娜·舍瓦里耶 / 绘

董馨阳 / 译

世界图书出版公司

西安 北京 上海 广州

献给我的父亲和他的爱好。

——[法]克莱尔·勒克维勒

致我的爱人纪尧姆，感谢他让我们拥有了自己的家。

——[法]罗莉亚娜·舍瓦里耶

带★的名词解释在文末。

目 录

鸟类是如何生活的？

鸟是什么？

鸟是脊椎动物的一大类，体温恒定，嘴内无齿，全身有羽毛。许多鸟天生就会飞，而有些鸟则不会飞，比如鸵鸟和企鹅。还有一种鸟叫几维鸟，它的翅膀非常"迷你"。所有鸟类都是卵生的。有些鸟群居而生，比如燕子，而有些鸟喜欢独居，只有在结为夫妻时才会和同类生活在一起。

鸟住在哪儿？

世界各地都能看到鸟类，但并不是所有鸟类都拥有相同的生活方式，它们会各自适应自己的生活环境。有些鸟生活在海边、水边、池塘边，有些鸟生活在草原和森林里。比如，啄木鸟住在树干上的洞里，而鹰住在山上或悬崖上才觉得自在。

一年中，鸟类会筑一次或好几次巢，或者会寻找一个巢用于产卵、孵化、哺育雏鸟。之后，它们通常会离开这个巢，栖息在地面、高高的草丛、篱笆、大树，甚至电线杆或烟囱上。

1

鸟都吃什么?

　　有些鸟以种子和水果为食，有些以昆虫为食，有些以肉和鱼为食。事实上，鸟类会根据季节改变它们的饮食习惯。另外，有些以种子、水果为食的鸟也会捕捉昆虫来哺育雏鸟。在飞往其他地方之前，鸟会吃大量的食物为旅行储备能量。

鸟要飞向哪里？

在中国，北方冬季天寒地冻，食物变得十分稀缺，所以大多数鸟会飞向更温暖的地方，这就是迁徙★。冬天，以飞虫为食的家燕会离开北方，飞向南方。在那里，它们能吃到北方冬天没有的美食。春天时，它们会再飞回北方。

但是，全球气候变暖导致季节更替的时间发生了很大变化，候鸟也开始改变习性。有些候鸟冬天飞离得更晚，春天飞回得更早；有些候鸟冬天不再飞往南方，而是留在北方成为留鸟。

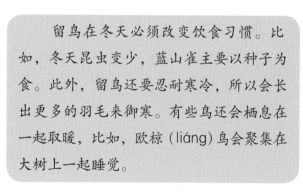

留鸟在冬天必须改变饮食习惯。比如，冬天昆虫变少，蓝山雀主要以种子为食。此外，留鸟还要忍耐寒冷，所以会长出更多的羽毛来御寒。有些鸟还会栖息在一起取暖，比如，欧椋 (liáng) 鸟会聚集在大树上一起睡觉。

3

鸟类是如何出生和长大的?

鸟类在蛋中逐渐成形。在雏鸟孵化前,它们的父母会筑巢来保护它们,孵化后,雏鸟会得到父母的哺育。大多数鸟一年只产一次卵。体型较小的鸟孵化期为10~15天,体型较大的鸟孵化期长达80天。有些雏鸟刚出生时没有羽毛,而且什么都看不见,它们必须被喂养几天,才能拥有视力,长出羽毛并逐渐长大。还有一些鸟出生时就有绒毛,破壳后就可以独自进食,它们离开鸟巢时,体型和成年期的鸟一样大。

一年中,鸟会发生一次或多次变化。旧羽毛脱落,长出新羽毛,这就是换羽。此外,它们会寻找配偶,结为夫妻,繁殖后代。为此,每一种鸟都会进行独特的求偶★。有些鸟会展示自己绚丽多彩的羽毛,有些则会用跳舞或者引吭高歌的方式来吸引异性……一旦结为夫妻,两只鸟就会筑巢产卵。

4

绿背山雀

怎么辨认绿背山雀？

绿背山雀常在树林间穿梭跳跃，体长可达13厘米。它们的头部呈黑色，面颊为白色，胸腹呈黄色，并且腹中央有一道黑线与黑色的喉部相连，背部、翅膀和尾巴的颜色从黄绿色过渡到灰色。绿背山雀喜欢唱歌，一年四季都唱个不停！

绿背山雀怎样生活？

4月到7月是绿背山雀的繁殖期和雏鸟成长期。绿背山雀以昆虫为食，尤其喜欢用昆虫幼虫喂养雏鸟。它们也喜欢吃水果和种子。绿背山雀还喜欢到人类为鸟类制作的食槽去寻找食物，它们有时会对同类表现出很强的攻击性。它们能在树洞、岩缝、邮箱等各种空洞里筑巢。

哪里能看到绿背山雀？

绿背山雀经常出现在橡树林或冷杉林中。它们的适应性很强，在农田边的树丛中、公园里和果园中也很常见。

7

绿背山雀有什么小秘密？

　　绿背山雀是一种非常聪明的动物，几乎完全适应了人类社会。据报道，英国的一些绿背山雀竟然学会啄透牛奶瓶上的木塞来喝里面的牛奶。它们有时还会和其他山雀组成山雀巡逻队一起行动，这样不仅可以更容易找到食物，还可以更好地保护自己免受捕食者的侵扰。

绿背山雀的生存状况怎么样？

　　绿背山雀的种群数量较丰富，是较为常见的森林鸟类。

创意艺术小课堂：观察并练习画一只绿背山雀。

扫码观看
简笔画视频

夜莺

怎么辨认夜莺?

夜莺体型不大,背部羽毛呈棕色,腹部为灰白色,尾巴是棕红色的。夜莺的叫声婉转动听,它们可以日夜不停地歌唱。

哪里能看到夜莺?

夜莺喜欢有水的森林、树林和灌木丛。

夜莺怎样生活?

它们常常藏在灌木丛中,偶尔飞到地面寻找蚂蚁或其他昆虫。它们用杂草在地面上或灌木丛中快速筑巢。雏鸟会在父母身边生活3个星期左右,依靠父母喂养成长。

夜莺有什么小秘密?

夜莺是爱情、快乐和自由的象征,还是伊朗的国鸟。"夜莺"在希腊语中意为"喜欢唱歌"。西方文学作品中经常出现夜莺的身影。

夜莺的生存状况怎么样?

自2000年以来,夜莺的数量一直保持稳定。

欧亚鸲

欧亚鸲有什么小秘密?

欧亚鸲俗称知更鸟,它与圣诞节关系密切,在圣诞卡和圣诞纪念邮票上常常能看到它们的身影。欧亚鸲也是美好爱情的象征。

怎么辨认欧亚鸲?

一眼就能看到欧亚鸲橙锈色的喉部和胸部!橙锈色周围有一圈灰色的羽毛,又短又软,一直延伸到喙的上方,背部和尾巴呈棕色,腹部呈白色。雏鸟羽毛的颜色是带有浅色斑点的褐色,没有成年欧亚鸲的羽毛颜色鲜艳。

哪里能看到欧亚鸲?

欧亚鸲喜欢生活在森林里。到了冬天,它们会生活在食物更充足的公园和果园中。

欧亚鸲的生存状况怎么样?

和其他鸟类不同,欧亚鸲似乎受益于全球变暖,更适应温和的冬季。目前,欧亚鸲的种群数量趋势稳定。

欧亚鸲怎样生活?

欧亚鸲领地意识很强。为了吓走不受欢迎的访客,它们会站起来,鼓起喉部并发出警告。欧亚鸲喜欢独自生活,即使在冬天迁徙时,它们都会只身飞行,只有在繁殖期才会双宿双飞。雌鸟会在树洞或岩缝间筑巢,防止被其他鸟发现。雌鸟孵卵时,雄鸟负责给雌鸟喂食。

家麻雀

雄鸟

怎么辨认家麻雀?

　　雄鸟的头顶呈灰色，眼睛后面为栗色，面颊为白色。喙周围的黑色羽毛一直延伸到胸部，腹部的羽毛为灰白色，而背羽为棕栗色且带有黑色条纹。雌鸟的头顶为灰褐色，背羽为淡红褐色且带有黑色纵纹，两翅和尾部为暗褐色。

雌鸟

哪里能看到家麻雀?

　　家麻雀栖息于平原、山脚、高原地带的村庄、城镇、农田、河谷等人类居住环境及其附近的树林和灌木丛。

家麻雀的生存状况怎么样?

　　家麻雀在世界各地均有分布，种群数量较丰富。

11

家麻雀怎样生活？

家麻雀喜欢集群而居。它们挤在鸟巢里一起睡觉。寻找种子、昆虫或蚯蚓等食物时，家麻雀也会集体出动。冬季结束后，家麻雀迎来繁殖期。雄鸟求偶后和雌鸟结为夫妻，它们会在屋檐下或墙洞中筑一个球形的巢。

家麻雀有什么小秘密？

我们平时在房前屋后见到的其实是树麻雀。树麻雀的头顶不是灰色而是栗褐色。树麻雀在中国分布广，数量多，是城乡房舍和庭院的常见鸟之一。而家麻雀主要分布于黑龙江、内蒙古东北部、新疆、青海、四川、陕西、云南、广西等地。

创意艺术小课堂：观察并练习画一只家麻雀。

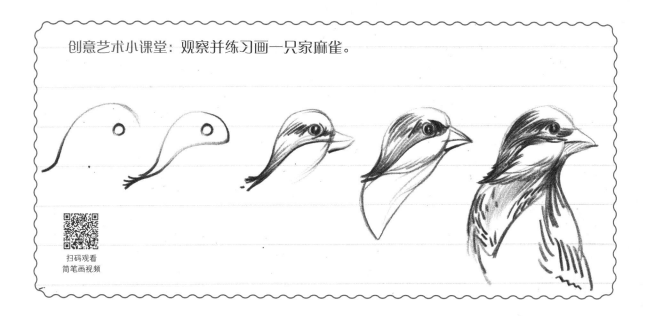

扫码观看
简笔画视频

黑顶林莺

雄鸟

雌鸟

怎么辨认黑顶林莺？

　　从它的名字可以看出它的头顶是黑色的，但只有雄鸟是这样，雌鸟的头顶其实是棕褐色的。雄鸟身体其他部位的羽毛是灰色和浅棕色交杂的。雌、雄成鸟前额和脸部均为银灰色，眼睛黑色，下眼圈白色。黑顶林莺的叫声圆润且悠扬。

哪里能看到黑顶林莺？

　　它们常出现在低矮的树上、篱笆上、灌木丛、公园和森林里。

黑顶林莺怎样生活？

　　黑顶林莺主要以毛毛虫、苍蝇和水果等为食。它们会用干草和草根在灌木丛间筑巢，常栖息于低地、丘陵、山地森林以及海拔3000米左右的高山。

黑顶林莺有什么小秘密？

近几年，黑顶林莺改变了迁徙路线。从德国出发的一些黑顶林莺本来应该飞到非洲，却误飞到了英国。如今冬季更温和，英国人也为鸟类设置了不少食槽，这些黑顶林莺能够在英国过冬。它们比飞到非洲的黑顶林莺飞回德国的时间更早，能够较早地繁育后代。渐渐地，它们的数量越来越多。如今，不去非洲过冬的黑顶林莺越来越多了。

黑顶林莺的生存状况怎么样？

黑顶林莺是欧洲、西北非和中亚的常见鸟，分布范围广，种群数量稳定。2012年到2013年，中国新疆多次发现黑顶林莺的踪迹，这成为中国鸟类分布的一项新纪录。

创意艺术小课堂：观察并练习画一只黑顶林莺。

扫码观看
简笔画视频

喜鹊

怎么辨认喜鹊？

喜鹊尾巴修长，体长可达50厘米。喜鹊全身的羽毛几乎都是黑色的，只有腹部、肩部和翅尖是白色的，羽端黑色泛蓝绿色光泽，次级飞羽黑色具深蓝色光泽。喜鹊会发出叽叽喳喳的叫声，鸣声单调但很响亮。

哪里能看到喜鹊？

喜鹊主要栖息于平原、丘陵和低山地区，尤其在山麓、林缘、农田、村庄、城市公园等人类居住环境附近较常见。

喜鹊怎样生活？

喜鹊夏季主要以昆虫为食，其他季节则主要以植物果实和种子为食。为了避免挨饿，喜鹊会把自己储存的食物藏在不同的地方。它们会在地上啄个洞，把食物放在里面，再用土把洞盖起来！

15

喜鹊有什么小秘密?

喜鹊是一种很吵闹的鸟,人们经常会说:"像喜鹊一样吵个没完!"当喜鹊成群聚集在一起叽叽喳喳叫唤的时候,非常嘈杂。

有人说喜鹊会偷东西,而且好奇心旺盛,因为喜鹊喜欢闪闪发亮的物品,看到之后就会偷走……实际上,喜鹊非常聪明,研究人员发现它是一种罕见的能够意识到自己在照镜子的鸟。照镜子的时候,喜鹊会改变叫声,就好像在为自己歌唱一样,而且喜鹊能识别人类的脸。

喜鹊的生存状况怎么样?

喜鹊在中国分布广,种群数量较多。但近年来,由于大量使用农药、化肥,环境污染等因素,喜鹊的种群数量急剧减少,很多地方已经很难见到了。

创意艺术小课堂:观察并练习画一根喜鹊的羽毛。

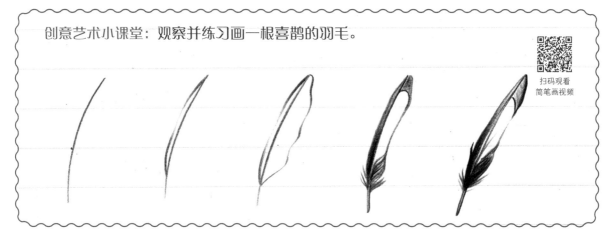

扫码观看
简笔画视频

16

大斑啄木鸟

哪里能看到大斑啄木鸟？

和大部分啄木鸟一样，大斑啄木鸟生活在森林、农田和公园里。

大斑啄木鸟有什么小秘密？

人们可能认为啄木鸟那么用力地啄树，大脑肯定会受到严重损害，但事实并非如此！大斑啄木鸟的大脑被厚厚的脑壳保护着，而且它们的长舌头围绕着脑壳，也会缓解啄树时受到的冲击。

怎么辨认大斑啄木鸟？

咄咄咄……从很远的地方就能听到大斑啄木鸟啄击树木的声音。大斑啄木鸟的羽毛非常漂亮，背部、脸颊和翅尖是黑色的且翅上带有白色的斑点，喉部和腹部是米色的，腹部下方是红色的。雄鸟的脑部后方还有一个红色的斑点。

17

大斑啄木鸟怎样生活?

大斑啄木鸟几乎什么都吃:昆虫、种子和水果等。大斑啄木鸟能把长长的舌头伸进树缝和树洞里吃昆虫的幼虫,它们偶尔也吃地衣和其他鸟的卵。进入3月,成年大斑啄木鸟开始凿洞筑巢。产卵之后,雄鸟和雌鸟会轮流孵卵。

大斑啄木鸟的生存状况怎么样?

大斑啄木鸟的分布范围非常广,数量趋于稳定。蝙蝠、猫头鹰、松鼠、貂、黄蜂等都受益于大斑啄木鸟啄出的树洞。

创意艺术小课堂:观察并练习画一只大斑啄木鸟。

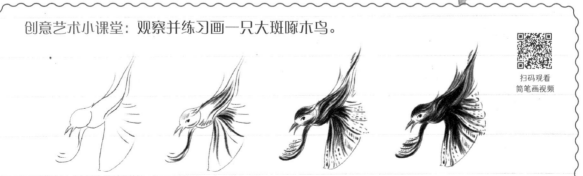

扫码观看
简笔画视频

秃鼻乌鸦

怎么辨认秃鼻乌鸦?

秃鼻乌鸦体长41~51厘米,羽毛为亮黑色具紫色光泽,两翅和尾部泛铜绿色光泽。秃鼻乌鸦的喙平直且底部呈灰白色。

哪里能看到秃鼻乌鸦?

秃鼻乌鸦喜欢的环境种类多样,经常在有田野和树林的乡村看到它们的身影。

秃鼻乌鸦有什么小秘密?

秃鼻乌鸦不仅非常聪明,而且很长寿。因为它们吃动物尸体,不被人们喜爱。但同时它们也是大自然的清洁工,对环境保护做出了很大贡献。

秃鼻乌鸦的生存状况怎么样?

近年来,由于环境污染、森林砍伐、人类驱逐,秃鼻乌鸦的种群数量已大大减少。

秃鼻乌鸦怎样生活?

秃鼻乌鸦集群而居。它们清晨成群飞到附近农田、路上和垃圾堆上觅食,晚上会原路返回巢里睡觉。秃鼻乌鸦喜欢在高大乔木顶部的枝杈上筑巢。

19

乌鸫（dōng）

怎么辨认乌鸫？

想要辨认乌鸫，首先要认出它们橙黄色的喙和眼圈。雄鸟通体黑色，而雌鸟身上的羽毛是黑褐色的。它们经常会抬起尾巴，压低翅膀，在地面上踱来踱去觅食。傍晚，人们偶尔能听到乌鸫婉转的叫声。

哪里能看到乌鸫？

乌鸫一般生活在树林里，有时候也会到公园和果园里觅食。

乌鸫有什么小秘密？

乌鸫经常出现在许多欧洲民间文学中，它还是瑞典的国鸟。乌鸫还会模仿其他鸟的叫声，它的叫声婉转，韵律多变，因此，它又被称为"百舌"。

乌鸫怎样生活？

乌鸫主要以昆虫和昆虫幼虫为食。它们很少成群生活，但是在城市里，人们发现它们会三五成群地在地面奔跑觅食。

乌鸫的生存状况怎么样？

尽管在城市里，体型更大的猫和鸟会追捕乌鸫，但乌鸫并没有生存危机。乌鸫能很好地适应城市的生活，车流量较小的时候它们还会唱歌。

家燕

怎么辨认家燕?

家燕飞行时的轮廓很容易辨认,体型中等,翅膀长而尖,尾巴呈三角形,有两根羽毛比其他羽毛长一点儿,形成"V"字形。背部、头部和翅膀呈黑色且带有蓝色的光泽,腹部是白色的,额部和喉部是红棕色的。家燕的飞行速度很快,飞行时偶尔会发出尖锐而短促的叫声。

哪里能看到家燕?

家燕生活在宽阔的地方,比如田野和水边。它们在那里捕捉昆虫。有时它们会在建筑物中筑巢,如房屋、马厩(jiù)、谷仓、车库等。人们常常也能看到家燕成群地站在电线上。

家燕怎样生活?

家燕也被称为"烟囱燕子",因为它们喜欢在烟囱里筑巢。当人们清理烟囱时,它们就不得不离巢而去。家燕的巢由泥土和稻草筑成,非常坚固,可以使用数年。

家燕有什么小秘密?

人们常说的燕子报春是因为燕子春天会从南方飞回北方。然而随着气候变暖,冬天迁徙的家燕越来越少。

家燕是益鸟,主要以蚊、蝇等昆虫为食,育雏期一窝家燕能吃掉几十万只昆虫。

家燕的生存状况怎么样?

近年来,昆虫数量减少,还有一些人怕弄脏屋子不让家燕在房檐下筑巢,有的甚至捕食家燕,这都对家燕的种群数量造成了很大影响。

创意艺术小课堂:观察并练习画一只家燕。

扫码观看
简笔画视频

22

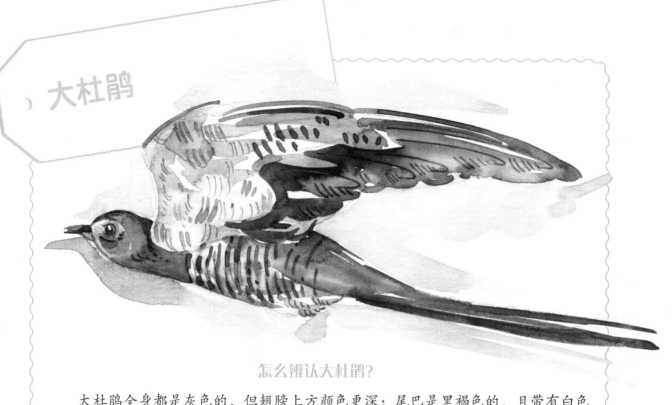

大杜鹃

怎么辨认大杜鹃？

　　大杜鹃全身都是灰色的，但翅膀上方颜色更深；尾巴是黑褐色的，且带有白色的斑点；腹部下方是白色的，夹杂黑褐色细窄横纹；翅膀下方是灰白色的，具暗褐色细斑纹。它们的叫声很好辨认，人们常常会听到"布谷布谷"的声音，所以它们也被称为"布谷鸟"。

哪里能看到大杜鹃？

　　它们大多喜欢森林、灌木丛和种着树的耕地。

大杜鹃怎样生活？

　　大杜鹃生性孤独，喜欢单独活动。它们飞行时快速而有力，常沿直线前进。飞行时两翅振动幅度较大，但无声响。大杜鹃繁殖期喜欢鸣叫，常常站在树上鸣叫不止。

23

大杜鹃有什么小秘密?

大杜鹃不筑巢，它们会在其他鸟的巢中产卵！大杜鹃会偷走这些鸟巢中的一个或几个卵，然后把自己的卵放在里面。奇特的是，它们的卵会逐渐变得和其他鸟类的卵非常相似。大杜鹃雏鸟一旦出生，就会把其他雏鸟推到巢外。

大杜鹃的生存状况怎么样?

大杜鹃分布较广。它是一种有益的森林鸟类，能消灭大量森林害虫，在植物保护和维持生态平衡方面有很重要的作用。

创意艺术小课堂：观察并练习画一个大杜鹃的卵和其他鸟的卵放在一起的鸟巢。

扫码观看
简笔画视频

灰斑鸠

灰斑鸠的叫声非常有特色，常常先听到它的声音之后才发现它的身影。此外，它们的身体呈灰褐色，颈后有一道半月形黑色领环。灰斑鸠体型中等，体长可达32厘米。

哪里能看到灰斑鸠?

灰斑鸠喜欢在高大的松树林或冷杉林中、公园里、果园里和村庄附近筑巢。

灰斑鸠怎样生活?

灰斑鸠以各种植物果实和种子为食，通常在地面上觅食。为了吸引雌性灰斑鸠，雄性会飞得很高，然后俯冲下来。之后，两只灰斑鸠会一起飞翔，彼此摩擦头颈，好像在拥抱一样。

25

灰斑鸠有什么小秘密?

希腊神话中有一位仆人,因为忍受不了劳作之苦向神请求摆脱劳作。神听到了他的祈祷,把他变成了灰斑鸠。

灰斑鸠的生存状况怎么样?

灰斑鸠分布范围广,整体数量增长很快。灰斑鸠常生活在人类居住区附近。灰斑鸠一年内会产卵多次,因此,种群数量趋势稳定。

创意艺术小课堂: 观察并练习画一只灰斑鸠。

扫码观看
简笔画视频

苍鹭

哪里能看到苍鹭？

苍鹭以鱼类、青蛙和甲壳类动物为食。它们喜欢待在沼泽或水塘边，那里水浅且宽阔。

怎么辨认苍鹭？

苍鹭总是一动不动。它们长着灰色的羽毛，白色且带有黑色斑点的长脖子，还有从粉色过渡到黄色的尖尖的喙。苍鹭头顶有一些向后伸展的黑色羽毛，这是它们的羽冠。苍鹭的腿是黄色或粉红色的，身材修长，很远就能看到它们。

苍鹭怎样生活？

苍鹭在捕鱼时可以长时间保持静止。当发现目标之后，苍鹭会伸长脖子，猛地把头扎进水中，用尖尖的喙一举刺穿猎物。

苍鹭的生存状况怎么样？

苍鹭是我国分布较广、较为常见的涉禽，几乎在全国各地的水域都可以见到它们，数量较普遍。近年来，由于沼泽的开发利用，苍鹭生境条件恶化，它们的种群数量明显减少。

大红鹳（guàn）

怎么辨认大红鹳？

　　大红鹳长着两条长长的粉红色的腿，体长可达1.3米。喙短而厚且向下弯曲，十分独特。成年大红鹳通体白色，微沾粉红色，初级飞羽和外侧次级飞羽为黑色，翅上覆羽为红色。幼鸟的羽毛色泽偏灰，随年龄增长逐渐变成粉红色。大红鹳的叫声类似雁的叫声。大红鹳喜欢集群生活，所以很远就能听到它们吵闹的叫声。

哪里能看到大红鹳？

　　在咸水水域附近、滨海池塘都可以看到它们的身影。

大红鹳怎样生活？

　　大红鹳主要以小型软体动物、甲壳类等水生无脊椎动物为食，也吃浮游生物和藻类。大红鹳群居而生，一个鸟群中有多对夫妻。产卵时，大红鹳会在水上用一些杂草和土搭成一个简单的平台。

大红鹳有什么小秘密？

　　大红鹳吃的一些食物中含有一种叫类胡萝卜素的色素，它们肝脏中的酶可以将类胡萝卜素分解成橙色和红色的色素微粒。这些微粒被储存在它们的皮肤、羽毛、嘴巴和腿上，所以它们身体的颜色才是粉红色的。

大红鹳的生存状况怎么样？

　　大红鹳的数量趋于稳定，但仍小幅度在减少。稍微有一些风吹草动，比如直升机在低空飞行，一群大红鹳就会因为受到惊吓而无法繁殖。湿地的消失则是大红鹳数量减少的另一个原因。

普通翠鸟

普通翠鸟的羽毛颜色非常鲜艳，头部是深蓝色的，胸部、腹部为栗棕色，翅膀是翠蓝色的，背部还有一道绿松石色的色带，从颈部一直延伸到尾部。普通翠鸟的喙发黑，长而尖。幼鸟的羽毛颜色更接近绿色而不是蓝色。普通翠鸟的叫声尖锐且响亮。

哪里能看到普通翠鸟?

普通翠鸟生活在淡水水域附近，常单独活动，一般多停歇在河边树桩和岩石上。

普通翠鸟怎样生活?

普通翠鸟大部分时间都在捕鱼。捕鱼时，它们会站在水边的树枝上或岩石上观察猎物，一旦发现猎物，它们会猛地俯冲下去，用有力的喙叼住猎物。

雄鸟和雌鸟在结为夫妻之前会一起飞行很长时间，彼此熟悉。之后，它们会在河岸上掘洞为巢。雌鸟会钻进洞里，雄鸟则伸长脖子，把捕来的鱼献给雌鸟，为雌鸟产卵准备充足的食物。

普通翠鸟有什么小秘密？

普通翠鸟在水中也能保持极佳的视力，因为它们的眼睛进入水中后，能迅速调整因光线折射而造成的视差，所以捕鱼本领很强。

普通翠鸟鲜艳的羽毛受到了许多画家的青睐，它们的身影经常出现在各种画作中。在中国，翠鸟象征着忠贞不渝的爱情。

普通翠鸟的生存状况怎么样？

河道的改造、河岸树木遭到砍伐、滨河大道的大量修建等，对它们产生了很大影响。

创意艺术小课堂：观察并练习画一只普通翠鸟。

扫码观看
简笔画视频

红嘴鸥

怎么辨认红嘴鸥？

红嘴鸥羽毛的颜色会随季节而变化。除了眼周为白色外，它的头部和颈上部是褐色的。到了冬天，红嘴鸥会变成纯白色，只有眼后有一块褐色的斑。红嘴鸥的颈部和腹部一年四季都是白色的，而背部是浅灰色的，翼尖则是黑色的。红嘴鸥的嘴为鲜红色，尖端略缀黑色。

哪里能看到红嘴鸥？

红嘴鸥的栖息地离不开水，在海滨、沿海沼泽和池塘附近都能看到它们。冬天，红嘴鸥还可能出现在城市公园的湖泊里，因为那里有很多食物。

红嘴鸥怎样生活？

红嘴鸥很聪明，善于抓住眼前的一切机会。比如，它们会跟着渔船捕鱼或跟在翻土的拖拉机后面捉虫。在海滩边和城市里，它们有时还以垃圾为食。

红嘴鸥有什么小秘密?

红嘴鸥因为体型和毛色都和鸽子比较相似,所以人们也称它们为"水鸽子"。在中国,红嘴鸥春季会迁徙到东北的繁殖地,秋季则会往南迁徙。昆明的翠湖公园是观赏红嘴鸥的好地方。

红嘴鸥的生存状况怎么样?

红嘴鸥的平均寿命为32年,在鸟类中算比较长寿的。红嘴鸥分布范围很广,种群数量趋势比较稳定。

创意艺术小课堂: 观察并练习画一只红嘴鸥。

扫码观看
简笔画视频

刀嘴海雀

怎么辨认刀嘴海雀？

经常有人将刀嘴海雀和企鹅混淆，其实企鹅不会飞，刀嘴海雀却会飞。刀嘴海雀身材较小，头部浑圆，通体发黑，只有眼睛到喙下方有一道白线。它的背部和尾巴都是黑色的，上面只有一道白线，腹部是纯白色的。刀嘴海雀飞行时，人们能看到它们尖尖的尾巴和带蹼（pǔ）的脚。

哪里能看到刀嘴海雀？

刀嘴海雀大多数时间都生活在海上，只有繁殖期才回到陆地上，在陆地和岛屿的岩石、悬崖上能看到它们。

刀嘴海雀有什么小秘密？

刀嘴海雀的嘴中有一个食物储藏袋，里面可以存放好几条鱼。

刀嘴海雀怎样生活？

刀嘴海雀喜欢群居，大部分时间都生活在海上，在海里捕鱼。每年到了春季繁殖期，刀嘴海雀会回到海岸上的巢穴★。雏鸟诞生20天后，虽然还不会飞，但它们会跳进海里，在水中慢慢长大。

刀嘴海雀的生存状况怎么样？

在苏格兰和冰岛，刀嘴海雀数量稳定，而在法国它们濒临灭绝。50年前法国有500多对刀嘴海雀，目前只有30多对。它们数量减少的原因主要是它们偶尔会被渔网缠住，有时还会被黑潮吞没。

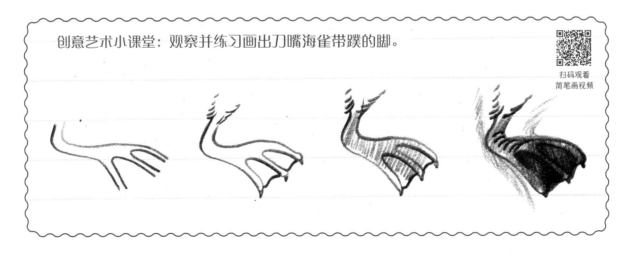

创意艺术小课堂：观察并练习画出刀嘴海雀带蹼的脚。

扫码观看
简笔画视频

34

戴胜

戴胜是一种非常美丽的鸟。它的背部和翅膀有黑白相间的条纹，头部是棕红色的，羽冠尖端有黑色的斑点。休息时，戴胜的羽冠会叠起变得平整；但当它受到惊吓或想要吸引异性时，羽冠就会像扇子一样展开！它的叫声低沉且短促，鸣叫时羽冠会随着叫声一起一伏。想找到戴胜的巢很简单，因为戴胜的巢非常难闻，在距离鸟巢一两米处就能闻到臭味儿。

哪里能看到戴胜?

戴胜很喜欢树，通常生活在森林、果园和花园里。

戴胜怎样生活?

戴胜的喙略微弯曲，便于它们在土地或树皮中翻找昆虫的幼虫。戴胜栖息在树缝之间，有时住在啄木鸟啄开的洞里。雏鸟孵化后，鸟巢就会变得奇臭无比，因为雏鸟的排泄物实在是太臭了。

戴胜有什么小秘密?

在中国，戴胜象征着祥和、美满、快乐。中国古代有许多赞美戴胜的诗。戴胜还是以色列的国鸟。

戴胜的生存状况怎么样?

2000年之前，戴胜的数量锐减，之后又趋于平稳。大范围使用杀虫剂导致许多戴胜喜食的昆虫减少，戴胜也受到了很大影响。

创意艺术小课堂：观察并练习画戴胜的头部。

扫码观看
简笔画视频

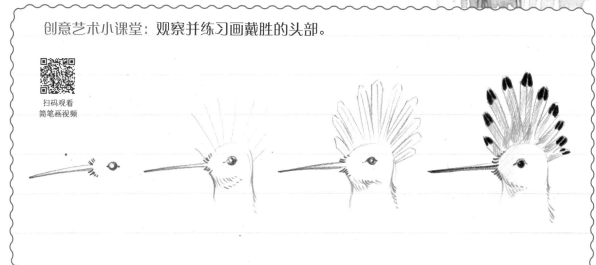

绿头鸭

绿头鸭怎样生活?

绿头鸭以昆虫和漂浮在水面上的植物种子为食,有时它们也会把头扎进水中吃一些水草。繁殖期,绿头鸭会展示它们漂亮的羽毛,其他时间,绿色的羽毛会逐渐变成褐色。为了吸引异性,雄鸟会变得非常激动。它们会围绕着雌鸟游走,伸直脖子,然后站在水面,用嘴巴向外吐水,之后再四处游动。

绿头鸭的生存状况怎么样?

以前,绿头鸭是中国主要的狩猎鸟类之一,每年猎获量均居野鸭首位。由于历年来无计划地大肆捕猎,加之围湖造田,环境遭到破坏,绿头鸭的种群数量日趋减少。

怎么辨认绿头鸭?

绿头鸭是最常见的一种野鸭,雄鸟很容易辨认,它们的头是墨绿色的,颈部有一圈白色领环。雄鸟的喙是黄绿色的,雌鸟的喙颜色更深,是橘黄色染褐色的。雌鸟和雄鸟的翅膀上都有一部分漂亮的蓝色羽毛。它们的叫声很响亮,距离很远都能听到。

哪里能看到绿头鸭?

沼泽、池塘、河流、湖泊都是它们的栖息地。

绿头鸭有什么小秘密?

绿头鸭夏天会换毛,长出新羽毛替换旧羽毛。换毛期间,它们不能自由飞行,因此,很容易受到捕猎者的攻击。它们需要褪去漂亮的外衣,变得不那么引人注目之后才能自由飞行。

疣（yóu）鼻天鹅

哪里能看到疣鼻天鹅？

在水草丰盛的湖泊、河流，以及公园的水面可以看到它们的身影。

疣鼻天鹅怎样生活？

它们会把长长的脖子伸到水中吃一些水生植物。筑巢期间，为了保护自己的领地，疣鼻天鹅夫妇的攻击性会变得很强。如果遇到危险，它们会用力扇动翅膀，并发出叫声来向对方示威。

疣鼻天鹅有什么小秘密？

天鹅在许多文化中都是一种具有神话色彩的动物：印度人认为天鹅是创造之神梵天的坐骑，希腊人则认为天鹅是艺术之神的象征，许多欧洲人会用天鹅的图案来装饰衣柜。"疣鼻"一词源于疣鼻天鹅喙上方的黑色疣状物。

怎么辨认疣鼻天鹅？

疣鼻天鹅浑身雪白，橘黄色的喙周围有一道黑线一直延伸到眼睛，与雪白的身体形成鲜明的对比。幼鸟羽毛为灰白色。由于体型较大，疣鼻天鹅在飞行时会把头笔直地伸向前方，并且在扇动翅膀时发出较大的声响。大部分时间疣鼻天鹅都非常安静，但有时也会发出沙哑而低沉的叫声。

疣鼻天鹅的生存状况怎么样？

近年来，由于狩猎、生境破坏和人为干扰，疣鼻天鹅的种群数量一直在减少。

灰林鸮（xiāo）

因为灰林鸮只在夜里活动，所以平时很难看到它们。灰林鸮的头上有两个半圆形，中间是小小的黄色的喙。灰林鸮的脸部羽毛是橙棕色或灰色的，上体黑褐色具棕色横斑和斑点，下体为白色或黄白色具深色斑纹，飞羽暗褐色具浅棕白色横斑及灰褐色端斑。

食丸

哪里能看到灰林鸮？

灰林鸮生活在森林里，有些也生活在城市的公园里。

灰林鸮怎样生活？

灰林鸮是非常出色的猎手。夜幕降临时它们才离开鸟巢，捕捉一些小型啮齿动物，有时也会捕食青蛙和昆虫。

和其他猛禽一样，它们会吞下整只猎物，连皮毛、骨头也一起吞掉。但是灰林鸮并不能完全消化这些东西，几个小时之后它们会把无法消化的部分团成一团吐出来。这个团状物也被称为"食丸"。

39

灰林鸮有什么小秘密?

灰林鸮是猫头鹰的一种，它们的叫声很像猫叫声，眼睛也很像猫的眼睛。

在西方文化里，人们认为灰林鸮象征着不幸，它们被描绘为女巫和恶魔的家禽。

灰林鸮的生存状况怎么样?

灰林鸮分布范围广，自2000年以来，它们的种群数量一直比较稳定。

创意艺术小课堂: 观察并练习画一只灰林鸮。

扫码观看
简笔画视频

40

游隼

怎么辨认游隼？

游隼是一种中型猛禽，体长41~50厘米。头部呈灰黑色，脸颊有髭（zī）纹，喉部呈白色。游隼的喙尖端为黑色，喙基和爪子为黄色，背部和翅膀的羽毛是蓝灰色的，边缘呈浅棕色，腹部为黑色和白色相间的横纹。雌鸟比雄鸟体型更大，也更重。繁殖期，游隼会发出短促的叫声。在警示危险的时候，它们会发出长而尖锐的叫声。

哪里能看到游隼？

悬崖是游隼筑巢和狩猎的绝佳地点，在那里游隼能够看到很远的地方。有时它们也会栖身在采石场、树林或者城市里高高的屋顶上。

游隼怎样生活？

和其他许多猛禽一样，游隼是食肉动物，它们主要在空中捕食鸟类，有时还会吃昆虫。游隼夫妇很喜欢在空中嬉戏，它们相互追逐，时而俯冲，时而盘旋。

游隼有什么小秘密?

游隼的飞行速度很快,俯冲时的时速可达350千米! 它们是世界上飞行速度最快的鸟。2000多年前,人们已经开始训练游隼狩猎并让它们带回猎物。这就是如今我们所说的"驯隼术"。

游隼的生存状况怎么样?

在欧洲和美国,游隼深受农业杀虫剂的影响,数量减少了很多。另外,悬崖附近旅游观光活动的发展也对游隼造成了严重的影响。

创意艺术小课堂: 观察并练习画一只游隼。

扫码观看
简笔画视频

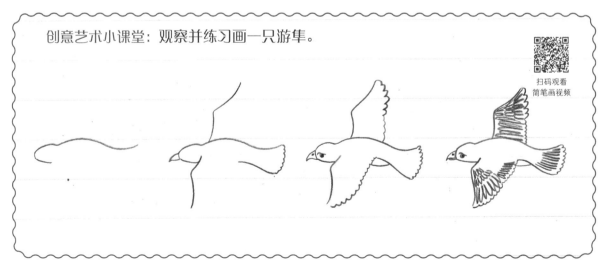

欧亚兀鹫（wùjiù）

怎么辨认欧亚兀鹫？

欧亚兀鹫在全速飞行时巨大无比，翅膀张开之后，翼展可达2.65米。欧亚兀鹫翅膀尖端的羽毛分开时就好像手指一样。它的上半身羽毛呈浅棕色，下半身羽毛呈褐色，头部和颈部覆盖着白色的绒毛，颈基部有松软的翎颌。

哪里能看到欧亚兀鹫？

欧亚兀鹫在高山的悬崖上筑巢，在草原等无人的土地上寻找动物的尸体。在开阔多岩的高山上能看到它们的身影。

欧亚兀鹫怎样生活？

欧亚兀鹫主要以中型和大型的哺乳动物尸体的软组织为食。它们的视觉和嗅觉都很敏锐，常在高空翱翔，盘旋，寻找地面上的动物尸体，或通过灵敏的嗅觉来寻找腐烂的动物尸体。它们常常会为了争抢食物而相互攻击。

欧亚兀鹫有什么小秘密？

欧亚兀鹫是一种食腐动物，因为它们会吃动物尸体，并且能够完全消化掉！它们类似于大自然的清洁工，而且能够避免疾病传播。

欧亚兀鹫的生存状况怎么样？

长期以来，这种食腐动物都不被人喜爱，遭到围猎和毒害。在欧洲、北非和中东大部分地区，欧亚兀鹫的种群数量明显减少。

创意艺术小课堂：观察并练习画一只欧亚兀鹫。

扫码观看
简笔画视频

巢穴: 鸟类栖息、繁衍的地方。

求偶: 雄性和雌性寻求配偶的行为。

迁徙: 通常指鸟类在每年春季和秋季，沿相对固定的路线，定时地、有规律地在繁殖地区和越冬地区之间进行长距离往返移居的现象。对于候鸟来说，一般会在冬天到来之前迁徙。

图书在版编目（CIP）数据

给孩子的自然百科：当孩子遇见鸟类 /（法）克莱尔·勒克维勒著；（法）罗莉亚娜·舍瓦里耶绘；董馨阳译 . —西安：世界图书出版西安有限公司，2021.10
ISBN 978-7-5192-6671-4

Ⅰ.①给… Ⅱ.①克… ②罗… ③董… Ⅲ.①自然科学—儿童读物 ②鸟类—儿童读物 Ⅳ.① N49 ② Q959.7-49

中国版本图书馆 CIP 数据核字（2020）第 063819 号

书 名	给孩子的自然百科	电 话	029-87214941　029-87233647（市场营销部）
著 者	[法]克莱尔·勒克维勒		029-87234767（总编室）
绘 者	[法]罗莉亚娜·舍瓦里耶	网 址	http://www.wpcxa.com
译 者	董馨阳	邮 箱	xast@wpcxa.com
策 划	赵亚强	经 销	新华书店
责任编辑	王 冰　符 鑫	印 刷	深圳市福圣印刷有限公司
项目编辑	徐 婷　李 钰	成品尺寸	200mm × 200mm　　1/16
	刘晓英　吴谭佳子	印 张	14
美术编辑	吴 彤	字 数	180 千字
版权联系	吴谭佳子	版 次	2021 年 10 月第 1 版
出版发行	世界图书出版西安有限公司	印 次	2021 年 10 月第 1 次印刷
地 址	西安市锦业路 1 号都市之门 C 座	版权登记	25-2019-283
邮 编	710065	国际书号	ISBN 978-7-5192-6671-4
		定 价	180 元（全 4 册）

版权所有　翻印必究
（如有印装错误，请与出版社联系）